全国职业院校**建筑类**专业教材

建筑工程测量
习题册

崔玉辉◎主编

中国劳动社会保障出版社

图书在版编目（CIP）数据

建筑工程测量习题册 / 崔玉辉主编．-- 北京：中国劳动社会保障出版社，2023
全国职业院校建筑类专业教材
ISBN 978-7-5167-6032-1

Ⅰ.①建… Ⅱ.①崔… Ⅲ.①建筑测量-职业教育-习题集 Ⅳ.①TU198-44

中国国家版本馆 CIP 数据核字（2023）第 175165 号

中国劳动社会保障出版社出版发行
（北京市惠新东街 1 号 邮政编码：100029）
*
三河市华骏印务包装有限公司印刷装订 新华书店经销
787 毫米 ×1092 毫米 16 开本 3.25 印张 70 千字
2023 年 9 月第 1 版 2023 年 9 月第 1 次印刷
定价：7.00 元

营销中心电话：400-606-6496
出版社网址：http://www.class.com.cn
http://jg.class.com.cn

本习题册是《建筑工程测量》的配套习题册。

本习题册根据技工院校建筑工程专业学生的特点，按照教材分章节编写。由于第一章内容较多，所以习题分节编写；第二、三、四、五、六章内容较少，故分章编写。习题册具体内容包括测量的准备工作（含测量概述、水准测量、角度测量、距离测量、测量误差基础知识及测量工作相关法律法规）、建筑控制测量、建筑施工测量、建筑物的变形观测与竣工测量、现代测量仪器的使用，以及地形图的基本知识及应用，题目类型有填空题、选择题、判断题、名词解释、简答题、计算题等多种题型，供学生课后练习使用。此外，本习题册还配有参考答案。

本习题册由崔玉辉任主编，王津、王鹏智、巩伟敏、范叩鑫、陈峰、段淑华参与编写。

目录
CONTENTS

第一章 测量的准备工作

第一节 测量概述

一、填空题

1. 工程测量是一项非常重要的工作，工作中应遵循“__________，先控制后碎部，___________”的原则。工程测量时，一般应在施工现场测设___________，用较高的精度来控制，在此基础上再进行局部的测量。

2. 地面点是位于三维空间的点，确定地面点位包括确定点的______和______。

3. 确定地面点位平面位置需要__________和______来得到点位 x，y 的坐标值。

二、选择题

1. 地面上某点到大地水准面的铅垂距离，叫作此点的（　　）。

A．绝对高程　　B．相对高程　　C．高差　　D．高程

2. 大地水准面是（　　）。

A．水平面　　B．闭合曲面　　C．地平线　　D．闭合平面

3. 大地水准面的高程是（　　）。

A．海水面的平均值　　B．任意假设的一个值

C．定值且不为零　　D．任意海水面的值

三、判断题

1. 水准面是静止时的广阔水面，它有无数个，是一个平面而不是一个曲面。（　　）
2. 我国目前采用的大地水准面是渤海的平均海水面。（　　）
3. 测量学中的平面直角坐标系与数学上的平面直角坐标系完全相同。（　　）
4. 大地水准面是高程的统一起算面。（　　）
5. 高差有正负之分，且高差的正负号显示不同点的高低。（　　）
6. 测高程（高差）、测水平角和丈量水平距离是测量的基本工作。（　　）
7. 两点高差的大小与基准面的选择无关。（　　）
8. 首层室内地面标高 ±0 m 为绝对标高。（　　）

四、名词解释

1. 水准面

2. 大地水准面

3. 相对高程

4. 高差

五、简答题

1. 什么是建筑工程测量?

2. 建筑工程测量的任务包括哪些?

3. 测量的三项基本工作是什么?

4. 测量工作的程序是什么?

5．试分析测量学上平面直角坐标系与数学上平面直角坐标系的区别。

六、计算题

1．已知地面上两点 A、B，H_A=53.274 m，H_B=107.323 m，求 h_{AB}=？

2．某教学楼室内外高差为 450 mm，室内地坪（±0 m）的绝对高程为 120.500 m，层高为 3 m，求室外地坪的绝对高程和二层楼面的绝对高程。

第二节　水准测量

一、填空题

1．测定待定点高程有高差法和________两种方法。

2．两点间的高差 =________−________。

3．若 $a > b$，高差为正值，表示前视点______于后视点；若 $a < b$，高差为负值，表示前视点______于后视点。

4．后视点的高程加后视读数称为______。

5．国产 DS_3 型微倾式水准仪由______、______和基座组成。

6．望远镜的作用是提供一条______。

7．水准器分为______和管水准器。

8．水准测量需要提供水平视线的水准仪和有刻画的水准尺，另外还有辅助工具______。

9．水准尺在分米值上有的有小红点，点数代表米值，如 8 代表______。

10．架设水准仪时，应尽量使架头______，为粗平创造条件。

11．当气泡中心与______重合时，表示圆水准器竖轴处于竖直位置。

12．进行水准仪的粗平时，需要调节__________处于居中位置，使仪器的____处于铅垂状态。

13．望远镜在水平方向的旋转，是用制动螺旋和______螺旋控制的，只有在拧紧____________螺旋的条件下，微动螺旋才起作用。

14．视差并不是误差，而是由于______调焦不准，水准尺的影像未落在十字丝分划板的平面上，眼睛在目镜端处做微量上下移动，会产生水准尺影像与十字丝相对运动的现象。

15．读数后应检查管水准器气泡是否______，确保视线在读数过程中保持水平。

16．水准点用______表示，按其保留时间的长短分为__________和临时性水准点。

17．水准测量根据已知水准点与待定水准点之间的距离远近、高差大小、待定点个数多少可分为__________和__________。

18．水准路线的形式有__________、__________和支水准路线。

19．附合水准路线各点间高差的代数和应等于起止点已知高差，若不等于，它们之间的差就是高差闭合差，即______________。

20．自动安平水准仪的结构特点是________________。所以自动安平水准仪的操作过程和国产 DS_3 型微倾式水准仪相比缺少__________的操作过程。

21．水准仪有四条轴线，即________、__________、圆水准器轴和竖轴。

22．在构造上，望远镜的视准轴与管水准器轴平行。当管水准器气泡居中时，视准轴处于________位置。

23．水准测量误差包括________、__________和外界环境的影响三个方面。

24．立尺应稳、直，尤其要防止水准尺的__________。扶尺者应站在水准尺的______。

二、选择题

1．利用（　　）读取水准尺上的读数。

A．十字丝竖丝　　　　B．十字丝中丝

C．十字丝上丝　　　　D．十字丝下丝

2．已知前视读数 b=2.369 m，后视读数 a=1.058 m，两点间的高差为（　　）m。

A．+1.311　　B．−1.311
C．+0.677　　D．−0.677

3．视线高程等于（　　）。
A．后视点的高程 + 后视读数　　B．前视点的高程 + 前视读数
C．后视点的高程 + 前视读数　　D．前视点的高程 + 后视读数

4．利用（　　）螺旋可以精确照准水准尺。
A．微动　　B．微倾　　C．定平脚　　D．制动

5．下列选项中，不属于永久性水准点的是（　　）。
A．一等水准点　　B．二等水准点
C．三等水准点　　D．等外水准点

6．简单水准测量的施测范围是（　　）m。
A．<100　　B．<200　　C．<300　　D．<400

7．正确的水准测量记录检查式是（　　）。
A．$\sum h=\sum a-\sum b$　　B．$\sum a-\sum b=H_{终算}+H_{起}$
C．$\sum a-\sum b=H_{终算}-H_{起}$　　D．$\sum h=\sum a-\sum b=H_{终算}-H_{起}$

8．下列情况下，野外观测能够合格的是（　　）。
A．$|f_h|<|f_{h容}|$　　B．$|f_h|>|f_{h容}|$
C．$|f_h|\leqslant|f_{h容}|$　　D．$|f_h|\geqslant|f_{h容}|$

9．水准仪应该放在（　　）。
A．后视点与前视点中间　　B．偏于后视点处
C．偏于前视点处　　D．无所谓

10．下列选项中，不影响水准测量观测的因素是（　　）。
A．视差　　B．水准尺倾斜
C．圆水准器气泡居中误差　　D．读数误差

三、判断题

1．高差值不分正负。（　　）

2．粗平是通过调节圆水准器气泡居中进行的。（　　）

3．调整微倾螺旋可使气泡居中，从而达到精平。（　　）

4．水准器的角值越小，灵敏度越高。（　　）

5．要想使望远镜内的十字丝清晰，旋动物镜调焦螺旋即可。（　　）

6．读数后应该再观察符合气泡观察镜，看是否为完整的“U”形。若未精平，应先调整微倾螺旋后再重新读数。（　　）

7．中间点就是转点。（　　）

8．从理论上讲，闭合水准路线从已知水准点出发，又回到已知水准点，沿线路各点间的高差的代数和等于零。（　　）

9．在存在闭合差的情况下，按各段观测高差推算高程，到终点将与已知终点的高程不相符，因而各段观测高差应合理加入改正数，将闭合差消除，然后推算各点

高程。 (　　)

10．十字丝的横丝垂直于仪器的竖轴检验实质上是检验横丝是否水平。 (　　)

11．当仪器至后视、前视水准尺距离相等时，读数虽含有水准管轴与视准轴不平行误差，但误差的大小是相等的，可以抵消，仍可求得两点的正确高差。 (　　)

12．自动安平水准仪也需要调节微倾螺旋精平。 (　　)

13．已知 M 点的高程为 H_M，测得 M、N 两点的高差 h_{MN} 后，N 点的高程应为 $H_N=H_M-h_M$。 (　　)

四、名词解释

1．望远镜的视准轴

2．视差

3．水准点

4．附合水准路线

5．高差闭合差

五、简答题

1．水准测量的基本原理是什么？

2．如何粗略整平水准仪？如何精确整平水准仪？

3．水准仪如何照准目标？

4．产生视差的原因是什么？如何消除？

5．水准仪有哪几条轴线？各应满足什么条件？

六、计算题

1．当某水准仪安置在 AB 两点正中间位置时，第一次读得 a_1=1.836 m、b_1=1.645 m，变动仪器高度后，再次读得 a_1' =2.344 m、b_1' =2.128 m。然后将水准仪搬至距离后视点 3 m 以内处，再次安置水准仪，读得 a_2=1.752 m、b_2=1.545 m。此水准仪水准管轴与视准轴是否平行？如果不平行，视准轴应向上还是向下倾斜？

2．某水准测量外业读数如图 1 所示，试求 B 点高程，完成水准测量手簿表格的填写和计算。

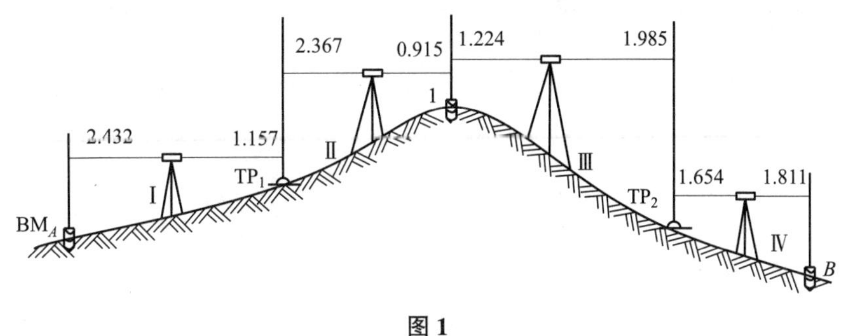

图 1

日期＿＿＿＿＿　　天气＿＿＿＿＿　　仪器号＿＿＿＿＿

地点＿＿＿＿＿　　记录＿＿＿＿＿　　观　测＿＿＿＿＿

测站	点号	后视读数 /m	前视读数 /m	高差 /m		高程
				+	−	
Ⅰ						
Ⅱ						
Ⅲ						
Ⅳ						
总和 ∑						
校核计算						

3. 如图 2 所示，某条一般工程附合水准路线起点为已知水准点 BM_1，高程 H_1=375.264 m，经 A、B、C、D 四个待定点符合到 BM_2 上，H_2=382.767 m，其余相关数值已标注在图上。试评价该条水准路线的质量，并计算各待定点 A、B、C、D 的高程。

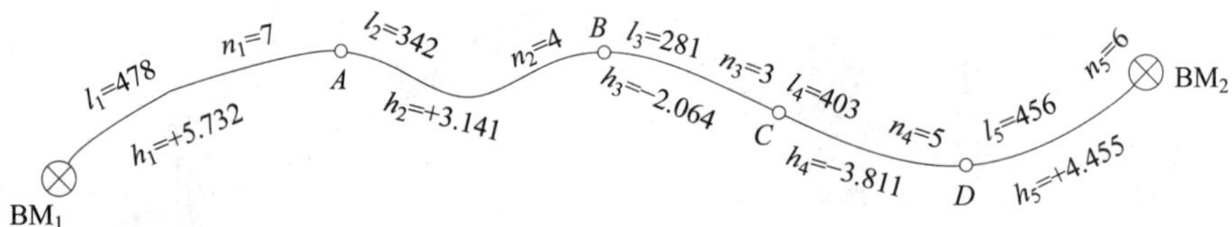

图 2

测点	距离 /m	观测高差 /m	改正数 /mm	改正后高差 /m	高程 /m
BM_1					
A					
B					
C					
D					
BM_2					
总和 $\sum$					
辅助计算					

第三节　角度测量

一、填空题

1．水平角是指地面一点到两个目标点连线在__________上投影的夹角。

2．水平角值范围是__________，无负值。

3．倾斜视线在水平线上方的称为______，角值为 +；倾斜视线在水平线下方的称为俯角，角值为______。

4．为了测量竖直角，在铅垂面内安置一个有刻画注记的圆盘，称为____________。

5．竖直角的水平方向在竖直度盘总处在同一个位置，其竖直度盘读数是一个固定值，一般使视线水平时的竖盘读数为__________。

6．经纬仪分为两大类，一类是______________，另一类是______________。

7．DJ_6 型光学经纬仪，D 表示__________，J 表示________，下角标 6 表示一测回方向观测中误差为 6 s。

8．光学经纬仪分为________、__________和基座三部分。

9．水平度盘是一个圆环形的光学玻璃盘片，盘片边缘刻画并按__________注记有 0° ~ 360° 的角度数值。

10．经纬仪的操作步骤分为三步，分别是__________、____________及读数。

11．经纬仪的安置包括__________与__________，两者需要反复进行，直至达到既对中又整平的目的。

12．经纬仪的对中方法有____________和垂球对中法。

13．DJ_6 型光学经纬仪的读数方法有测微尺读数和____________________。

14．水平角的观测方法有__________、______________、复测法等数种。

二、选择题

1．下列角值中，属于竖直角的是（　　）。

A．70°　　B．160°　　C．250°　　D．340°

2．经纬仪安置的操作程序是（　　）。

A．将三脚架安置在测站—取出经纬仪放置在三脚架头上，旋紧连接螺旋—对中与整平

B．取出经纬仪放置在三脚架头上，旋紧连接螺旋—将三脚架安置在测站—对中与整平

C．将三脚架安置在测站—对中与整平—取出经纬仪放置在三脚架头上，旋紧连接螺旋

D．取出经纬仪放置在三脚架头上，旋紧连接螺旋—对中与整平—将三脚架安置在测站

3．照准部与基座是通过（　　）固定在一起的。

A．连接螺旋　　B．轴套固定螺旋

C．脚螺旋　　D．连接板

4．对中与整平的关系是（　　）。

A．整平后再对中　　B．对中后再整平

C．两者反复进行　　D．无关

5．在经纬仪的整平中，按精度要求，管水准器的气泡偏离不得超过（　　）。

A．两格　　B．一格　　C．半格　　D．一格半

6．测回法中两个半测回角值之差 $\Delta\beta$ 不应（　　）40″。

A．大于　　B．小于　　C．等于　　D．都可以

7．用（　　）检验建（构）筑物的垂直度更方便、准确。

A．水准仪　　B．经纬仪　　C．垂球　　D．罗盘仪

8．用测回法测角时，一个测回值等于（　　）。

A．$\beta_{左}+\beta_{右}$　　B．$\beta_{左}-\beta_{右}$

C．$(\beta_{左}+\beta_{右})/2$　　D．$(\beta_{左}-\beta_{右})/2$

9．经纬仪对中应力求准确，特别是角的边越短，对中不准确所引起的测角误差（　　）。

A．越小　　B．越大　　C．与其无关　　D．不确定

三、判断题

1．水平角不分正负。（　　）

2．在某个竖直平面内，任意两条视线的夹角叫作竖直角。（　　）

3．竖直度盘是随望远镜上下转动而转动的。（　　）

4．精确瞄准目标时，可用十字丝纵丝的单线平分目标，也可用双线夹住目标。（　　）

5．精确对中，特别是对短边测角，对中要求应更严格。（　　）

6．照准标志要竖直，尽可能用十字丝交点瞄准标杆或测钎顶部。（　　）

7．利用盘左盘右两个位置观测的竖直角中，可以抵消仪器误差对观测角的影响，同时也可以检核观测中有无错误存在。（　　）

8．DJ_6 型光学经纬仪要求 $x \geqslant 25''$。（　　）

四、名词解释

1．盘左（或正镜位置）

2．竖盘指标差

五、简答题

1．如何使用光学对中法安置经纬仪？

2．简述一个测回的操作过程。

3．经纬仪有几条轴线？各轴线间应满足什么几何关系？

4．如何检验水准管轴是否垂直于竖轴？

六、计算题

1. 在 B 点安置经纬仪观测 A 和 C 两个方向，盘左位置照准 A 点再照准 C 点，水平度盘读数分别为 6° 23′ 30″和 95° 48′ 00″，盘右位置先照准 C 点再照准 A 点，水平度盘读数分别为 275° 48′ 18″和 186° 23′ 18″。试将上述数据记录在测回法记录表中，并计算测回角值。

测站	竖盘位置	目标	水平度盘读数 ° ′ ″	半测回角值 ° ′ ″	一测回角值 ° ′ ″

2. 依据已有数值计算半测回竖直角、指标差和一测回竖直角，完成竖直角测量的记录手簿。

测站	目标	竖盘位置	竖盘读数 ° ′ ″	半测回竖直角 ° ′ ″	指标差 ″	一测回竖直角 ° ′ ″	备注
N	M	左	84 12 24				竖盘为顺时针方向注记
		右	275 47 54				
N	P	左	98 01 12				
		右	261 59 18				

第四节 距离测量

一、填空题

1. 钢尺根据零点位置的不同可分为端点尺和____________两种尺。

2. 按丈量精度要求不同，直线定线可采用__________和经纬仪定线两种方法。

3. 钢尺外业精密量距丈量完毕后，对丈量的每一尺段应加入三项改正数，即____________、______________和倾斜改正数。

4. 直线定向的两种表示方法分别是__________________和坐标象限角法。

5．罗盘仪主要是由__________、____________和照准设备三部分组成。

6．在建筑测量中，直线定向所依据的标准方向是____________________。

7．测钎作为丈量的尺段标记，一般以____根为一串套在一个铁环。

8．直线 AB 的象限角 R_{AB}=1°30′南西，则其坐标方位角 α_{AB}=____________。

9．按照所用仪器工具的不同，距离测量常用的方法有___________、___________和光电测距仪量距。

10．视距测量精度较__________，仅能达到__________的精度。

11．若某钢尺的尺长方程式为 $l_t=30+0.007+1.25\times10^{-5}\times(t-20)\times30$（m），则此钢尺的名义长度应为 30 m，实际长度为________m。钢尺检定时的温度为________℃。

12．相位式测距仪中的短程测距仪上一般采用两个调制螺旋，即两种光尺，长光尺用于____________________，短光尺用于__________________。

13．在小测区建立独立平面控制网时，可用______________测定直线的磁方位角。

二、选择题

1．在钢尺量距精密方法的成果整理中，下列关于改正数符号的说法正确的是（　　）。

A．尺长改正数可正可负　　B．温度改正数恒为负

C．倾斜改正数恒为正　　D．以上均不正确

2．已知直线 AB 的坐标方位角 α_{AB}=345°，则 x_B-x_A 的值（　　）。

A．可能为正，也可能为负　　B．零

C．恒为正值　　D．恒为负值

3．建筑测量中，直线定向所依据的标准方向是（　　）。

A．南北坐标纵轴　　B．南北坐标横轴

C．东西坐标纵轴　　D．东西坐标横轴

4．距离测量的主要工具是（　　）。

A．标杆　　B．钢尺　　C．测钎　　D．垂球

5．钢尺量距精密方法的相对误差要小于（　　）。

A．$\frac{1}{3\,000}$　　B．$\frac{1}{4\,000}$

C．$\frac{1}{5\,000}$　　D．$\frac{1}{10\,000}$

6．若直线 AB 的坐标方位角为 135°，则象限角为（　　）。

A．45°南东 Ⅱ　　B．45°北西 Ⅳ

C．45°南东 Ⅳ　　D．45°北西 Ⅱ

三、判断题

1．若钢尺的名义长度比实际长度大，则用它对一段距离进行丈量，测量值会比真实值偏大。（　　）

2. 钢尺精密量距时，不论相邻两尺段桩桩顶的高差大小，以及高差是正还是负，倾斜改正数恒为负值。 ( )

3. 钢尺量距的一般方法要求其绝对误差小于$\frac{1}{3\,000}$。 ( )

4. 坐标象限角的角值范围是 0° ~ 360°。 ( )

5. 直线定线不准会使丈量结果比实际距离大。 ( )

6. 视距测量测距的精度比钢尺直接量距的精度高。 ( )

7. 相对误差是用来衡量距离丈量精度的，常用分子为 1 的分数表示，分母越大则精度越高。 ( )

8. 距离测量是确定地面点位时的三项基本工作之一。 ( )

四、名词解释

1. 坐标方位角

2. 坐标象限角

3. 直线定线

4. 直线定向

5. 视距测量

五、简答题

1．简述钢尺的特性。

2．简述精密量距的方法。

3．如何用罗盘仪测定直线的磁方位角？

六、计算题

1．用 50 m 长的钢尺，采用一般方法往返丈量 A、B 两点间的水平距离，已知后尺手往返测时都从地面收回三个测钎，往测时零尺段长为 35.320 m，返测时零尺段长为 35.380 m。试衡量丈量的精度，并求其水平距离。

2．已知钢尺的尺长方程式 $l_t=30-0.003\,0+1.25\times10^{-5}\times(t-20)\times30$（m），用此钢尺在温度 t=25.5 ℃下往返丈量 A、B 得平均长度为 28.041 0 m，两点间的高差 h=−0.240 m。求 A、B 两点间的水平距离 d（精密方法）。

3．使用经纬仪采用视距测量读得上丝读数为 0.800 m，下丝读数为 1.800 m，中丝读数为 1.300 m，仪器高为 1.300 m。测得 A 点至 B 点竖直角 $\alpha=-11°\,29'$，已知地面 A 点高程为 H_A=142.600 m。试求水平距离 D_{AB}、高差 h_{AB} 和 B 点高程 H_B。

4．已知在△*ABC*中，直线*AB*的坐标方位角为220°，三个内角∠*A*=70°、∠*B*=60°、∠*C*=50°。*A*、*B*、*C*按逆时针方向注记，根据条件自己绘图。试求α_{BC}、α_{CA}和R_{AB}、R_{BC}、R_{CA}。

5．已知测距仪测得斜距为D_0'=816.350 m，仪器加常数*K*=−8 mm，仪器乘常数*R*=6.3 mm/km，测量时气压α=3° 27′ 54″。试求改正后的平距*D*。

6．已知直线*AB*的坐标方位角为215° 00′，推得直线*BC*的坐标象限角R_{BC}=45° 00′，南东第二象限。试求小夹角∠*ABC*。

第五节　测量误差基础知识

一、填空题

1. 测量误差产生的原因有________________、____________和外界的因素。
2. 测量误差按其性质可分为系统误差和____________两类。
3. 系统误差的特点是具有________，对测量结果影响较大。
4. 偶然误差的特点是具有________，所以它是一种随机误差。
5. 研究测量误差理论的主要任务之一是评定测量成果的______。
6. 测量工作中一般采用__________作为评定精度的指标。

二、选择题

1. 真误差为观测值与（　　）之差。

A．平均值　　B．中误差　　C．真值　　D．改正数

2. 测一正方形的边长，其中误差为 ±0.02 m，该正方形周长的中误差为（　　）m。

A．+0.08　　B．+0.04　　C．+0.06　　D．+0.02

3. 一组测量值的中误差越小，表明测量精度越（　　）。

A．高　　B．低

C．精度与中误差没有关系　　D．无法确定

4. 观测三角形三个内角后，将它们求和并减去 180°，所得的三角形闭合差为（　　）。

A．中误差　　B．真误差

C．相对误差　　D．系统误差

5. 两段距离及其中误差为：D_1=72.36 m+0.025 m，D_2=50.17 m+0.025 m，比较它们的测距精度，则（　　）。

A．D_1 精度高　　B．两者精度相同

C．D_2 精度高　　D．无法比较

6. 中误差反映的是（　　）。

A．一组误差离散度的大小　　B．真差的大小

C．似真差的大小　　D．相对误差的大小

三、名词解释

1. 中误差

2. 系统误差

四、计算题

在相同的观测条件下，对某段距离测量了五次，各次测量结果分别为 121.314 m、121.330 m、121.320 m、121.327 m 和 121.335 m，试求：（1）该距离的算术平均值；（2）距离观测值的中误差；（3）算术平均值的中误差；（4）距离的相对误差。

第六节　测量工作相关法律法规

一、填空题

1. 测绘人员进行测绘活动时，应当持有____________。

2. 测绘单位不得______资质等级许可的范围从事测绘活动。

3. 违反《中华人民共和国测绘法》规定，中标的测绘单位向他人转让测绘项目的，责令改正，没收违法所得，处测绘约定报酬________以上________以下的罚款。

4. 建立相对独立的平面坐标系统，应当与____________相联系。

5. 永久性测量标志的建设单位应当对永久性测量标志设立__________，并委托当地有关单位指派专人负责保管。

6. 保管测量标志的人员应当查验测量标志使用后的__________。

二、简答题

1．从事测绘活动的单位应当具备哪几个条件，并依法取得相应等级的测绘资质证书，方可从事测绘活动？

2．违反《中华人民共和国测绘法》规定，测绘单位有下列行为之一的，应当如何处罚？

（1）超越资质等级许可的范围从事测绘活动；

（2）以其他测绘单位的名义从事测绘活动；

（3）允许其他单位以本单位的名义从事测绘活动。

第二章 建筑控制测量

一、填空题

1. 测定控制点平面位置的工作，称为__________________。测定控制点高程的工作，称为__________________。

2. 在面积小于__________范围内建立的控制网，称为小地区控制网。

3. 用经纬仪测量转折角，用钢尺测定边长的导线，称为____________。

4. 导线包括__________、__________和支导线。

5. 导线测量的外业工作包括勘探选点及建立标志、________、_________和连测。

6. 四等水准测量一个测站的观测步骤为“________________”。

二、选择题

1. 闭合导线角度闭合差的调整原则是（　　）。

A. 改正数与闭合差符号相同，大小按平均分配

B. 改正数与闭合差符号相反，大小按平均分配

C. 改正数与闭合差符号相同，大小和角值有关

D. 改正数与闭合差符号相反，大小和角值有关

2. 一个三角形内角观测值分别为 72° 48′ 52″、41° 08′ 04″和 66° 03′ 00″，则该三角形的内角和闭合差为（　　）。

A. +4″　　B. −4″　　C. +8″　　D. −8″

3. 导线测量内业计算过程中出现闭合差有角度闭合差和（　　）。

A. 边长闭合差　　B. 高差闭合差

C. 坐标增量闭合差　　D. 坐标闭合差

4. 设 AB 距离为 200.23 m，方位角为 121° 23′ 36″，则 AB 的 x 坐标增量为（　　）m。

A. −170.92　　B. 170.92　　C. 104.30　　D. −104.30

5. 导线坐标增量闭合差调整的方法为（　　）。

A. 反符号按角度大小分配　　B. 反符号按边长比例分配

C. 反符号按角度数量分配　　D. 反符号按边数分配

6. 某导线全长 789.78 m，纵横坐标增量闭合差分别为 −0.21 m 和 0.19 m，则导线相对闭合差为（　　）。

A．1/2 800　　B．0.28　　C．1/2 000　　D．0.000 36

三、判断题

1．用导线测量方法建立小地区平面控制网，通常分为一级导线、二级导线、三级导线和图根导线几个等级。（　　）

2．导线的转折角有左右之分，用测回法施测闭合导线时一般测外角。（　　）

3．根据直线起点和终点的坐标，计算直线的边长和坐标方位角，称为坐标反算。（　　）

4．闭合导线纵、横坐标增量代数和的理论值应为零。（　　）

5．小区域高程控制测量的主要方法有图根水准测量、三等四等水准测量与三角高程测量。（　　）

6．四等水准测量一般采用变动仪高法观测。（　　）

四、名词解释

1．附合导线

2．闭合导线

3．支导线

五、简答题

1．城市控制网的一般要求有哪些？

2．导线测量外业实地踏勘选点时应注意哪些问题？

六、计算题

1. 已知 A 点的坐标为（3 025.851，1 568.325），AB 的水平距离为 75.66 m，AB 的坐标方位角为 172° 08′ 24″。求 B 点的坐标。

2. 如图 3 所示，根据已知点 1 坐标（200.00，500.00），布设闭合导线 1234，观测数据标在图中，请计算 2、3、4 点的坐标。

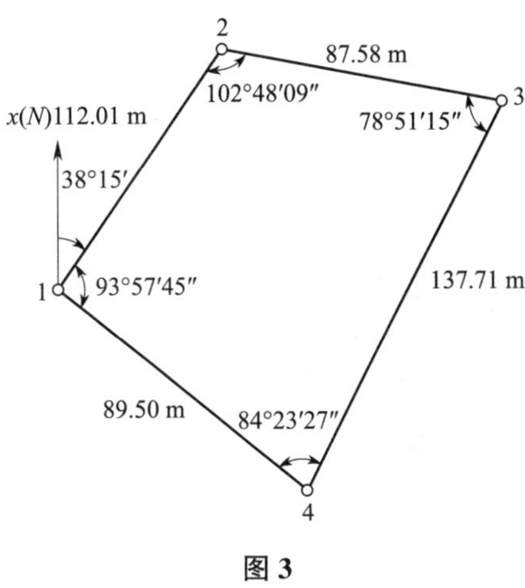

图 3

第三章 建筑施工测量

一、填空题

1. 测设的三项基本工作包括______、______和已知高程的测设。

2. 已知水平距离的测设，根据精度要求的不同可以采用一般方法和精密方法。前者要求相对误差不大于______，后者要求相对误差不大于______。

3. 已知水平角的测设根据精度要求的不同可以采用______和______。前者要求角度误差不大于 ±1′，后者要求角度误差范围为 10″ ~ 20″。

4. 测设已知高程就是根据地面上已知水准点的高程和设计点的高程，在地面上测设______标志线的工作。

5. 建筑基线的控制点数不少于______点，基线最常见的形式有一字形、L 形、T 形和十字形，基线的边与边之间构成______。

6. 民用建筑施工测量的任务是按照设计要求，把建筑物的位置______到地面上，并配合施工进度，确保工程质量。

7. 建筑施工测量时，依据的是______。与测设有关的设计图纸主要有建筑总平面图、建筑平面图、基础平面图、基础详图、建筑立面图和剖面图。

8. 建筑平面图是建筑物测设______的依据。

9. 建筑立面图与剖面图是建筑物______测设的依据。

10. 建筑物总体定位所依据的图纸是______。

11. 作为施工测量人员，测设前应做的准备工作有______、______及制定测设方案。

12. 建筑物的定位与放线是指依据设计图纸，将建筑物外墙的______测设到实地，作为建筑物基础放样和细部放线的依据。

13. 开挖基槽时，为恢复定位点和细部轴线位置，应预先设置______或龙门板。

14. 民用建筑基础施工中的测设工作包括______、______，以及在垫层上投测轴线作为砌筑基础的依据。

15. 基础垫层轴线的测设采用______或用______方法。

16. 高层建筑各层轴线竖向偏差每层不超过______，全楼累计误差不大于______。

17. 高层建筑轴线投测精度要求较高，一般测设距离精度不得低于______，测设角度不得低于______。

18．激光铅垂仪适用于____________、__________和高塔架的铅垂定位测量。

19．烟囱水塔施工测量时必须控制筒身________________________，以保证其稳定性。当烟囱高度大于 100 mm 时，垂直偏差应小于________________。

20．高层建筑施工中，传递高程的方法有________________________________、__________________和利用钢尺直接丈量。

21．测设点的平面位置的工作程序有计算测设所需放样的数据、绘出测设略图、________________及____________________。

22．建筑基线的测设实质是______________的测设。

23．民用建筑物的定位最常见的情况是依据____________测设新建筑物。

24．民用建筑施工测量中轴线间距相对误差应________________，角度误差应____________。

25．建筑场地上的施工平面控制网按场地大小和精度要求不同，一般分为建筑基线和________两种形式。

二、选择题

1．下列选项中，不属于测设基本工作内容的是（　　）。

A．测设建筑物　　B．测设高程

C．测设角度　　D．测设水平距离

2．在进行建筑物定位放线时，不能作为定位依据的是（　　）。

A．原有的永久性建筑物　　B．原有的临时性建筑物

C．建筑红线桩　　D．建筑方格网

3．某测设场地平坦，测设点离控制点较近，距离不超过一个尺段长，且无经纬仪的情况下，可采用（　　）进行测设。

A．直角坐标法　　B．极坐标法

C．角度交会法　　D．距离交会法

4．控制建筑物墙体标高不可采用（　　）方法。

A．吊垂球　　B．悬吊钢尺

C．水准尺测设　　D．立皮数杆

三、判断题

1．建筑基线的控制点数不能多于三个。　（　　）

2．建筑基线的测设实质是控制点的测设问题，需要计算放样数据，定出地面点应在位置。　（　　）

3．竣工图的比例尺一般为 1∶100 或 1∶500。　（　　）

4．工业建筑中厂房控制点的测设可采用直角坐标法、极坐标法、角度交会法和距离交会法中的任意一种。　（　　）

5．柱基中心与柱子中心线应在同一竖直面内，其左右容许偏差应不大于 ±5 mm。　（　　）

6. 轴线控制桩应设置在基槽开挖边界线以外 2 ~ 5 mm 处，不能超过 5 mm。 (　　)

7. 钢结构建筑物的测设精度一定高于钢筋混凝土结构建筑物的测设精度。(　　)

8. 直线的坡度是由高程与水平距离来决定的。 (　　)

9. 采用角度交会法确定点的平面位置的精度要求不高。 (　　)

10. 建筑平面图是建筑物总体定位的依据。 (　　)

11. 龙门板上表面应与 ±0 m 标高线平齐，允许误差不超过 5 mm。 (　　)

12. 开挖基槽时，当基槽开挖到一定的深度时需定水平桩，以控制挖槽深度，并作为修平槽底和打垫层的依据。 (　　)

13. 高层建筑施工测量中，纵横轴线间角度误差要求不低于 40″。 (　　)

14. 烟囱、水塔等构筑物由于其既细又高极不稳定，所以要求其中心线必须垂直，不允许有偏差。 (　　)

15. 施工测量的精度主要取决于建筑物的大小、性质、用途、材料、施工方法等因素。 (　　)

16. 施工测量是为工程施工服务的，因此它不必与施工组织计划相协调。 (　　)

四、名词解释

1. 测设

2. 水平桩

3. 建筑基线

4. 建筑方格网

5. 建筑物的定位

6. 建筑物的放线

五、简答题

1．民用建筑恢复定位轴线位置的方法之一是设置龙门板，请问龙门板是如何建立的？

2．在多层建筑物的施工中，怎样用经纬仪将建筑物的墙体轴线投测到施工层？

3．民用建筑施工测量的内容包括哪些？

4．点的平面位置的测设方法有哪几种？各适用于什么情况？

5．已知地面上的直线 OA，采用一般方法测设一个 78°的水平角∠AOB，试述测设过程，并画图表示 B 点的位置。

6．高层建筑物施工中传递轴线的方法有哪几种？

7. 布设建筑方格网时应注意哪些问题？

8. 高层建筑施工中测量的主要任务是什么？

六、计算题

1. 已知某办公楼主轴线长为 44.000 m，在地面上据已知点 A 及方向线量得此长度得到一点 B 后，返量得其长为 44.008 m。试问 B 点的位置是否合格？

2．利用高程为 20.950 m 的水准点 A，欲在待建房屋近旁的电线杆上测设 ±0 m 标高线的设计高程值 21.500 m，设在水准点 A 上立尺的读数为 1.675 m，试说明测设的方法。

3．欲在地面上测设一个直角∠AOB，先用一般方法测设该直角，再用多测回观测此角得平均值为 90° 00′ 42″。已知 OB' 的长度量得 150.001 m，问在垂直于 OB' 的方向上，B' 点应向什么方向移动多少距离才能得到 B 点使∠AOB 为直角？

4．A、B 为建筑场地已有的控制点，A 点坐标为（14.210 m，86.700 m），已知直线 AB 的坐标方位角 α=301° 06′ 00″，P 点为待测设点，其设计坐标为（52.350 m，75.090 m）。试用极坐标法计算将仪器安置在 A 点测设 P 点所需放样的数据，并说明实地测设的方法。

5．若修一条设计坡度 $i=2\%$ 的下坡路，要求在距离道路起点 A 为 100 m 处的木桩上做出坡度线标志。若后视道路起点 A 点处水准尺读数为 1.568 m，计算并说明测设的方法。

6．如图 4 所示，某校拟建新办公楼，与原教学楼东西相距 10 m（外墙皮距），两楼南墙在一条直线上且处于平行关系，新办公楼轴线长 40.000 m，轴线宽 18.000 m，外墙厚均为 370 mm（轴线偏中，外 120 mm，内 250 mm）。现根据原教学楼测设新办公楼的四角定位点，并说明测设方法。

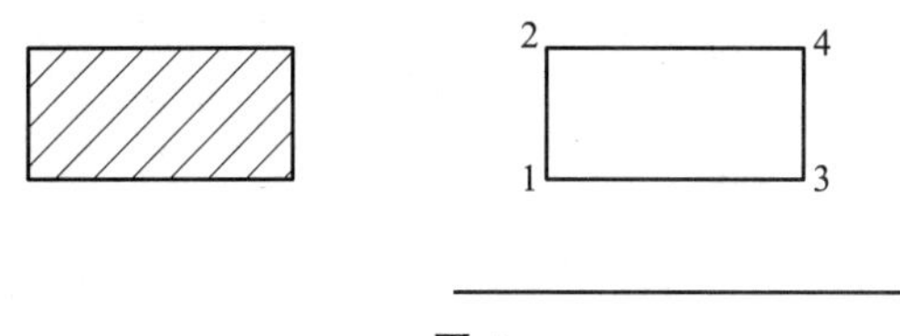

图 4

7. 已知在 AC 上放样 B 点，使 AB 的水平距离 D=29.910 0 m，测设使用的钢尺尺长方程为 $l_t=30-0.0050+1.25\times10^{-5}\times(t-20)\times30$（m），测设时的温度为 28.5 ℃，$A$、$B$ 两点高差为 −0.358 m。试求在地面上放样 B 点应量距离 D'。

8. 如图 5 所示，Ⅰ、Ⅱ、Ⅲ、Ⅳ为建筑场地的建筑方格网角点，坐标已标注于图上，图内 a 点为需测设点（坐标已知），试说明测设 a 点于实地的具体过程（分子注写 x 值，分母注写 y 值）。

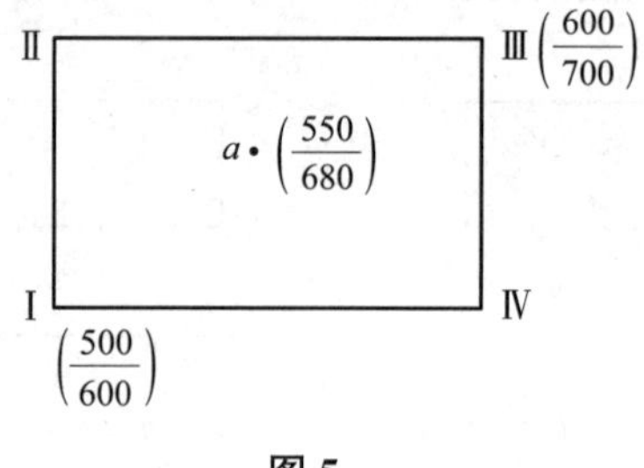

图 5

9．已知设计水平距离 D_{AB}=52.000 m，试在地面上由 A 点测设 B 点。现用尺长方程式为 $L_e=30-0.0040+1.25\times10^{-5}\times(t-20)\times30$（m）的钢尺，在温度为 8 ℃时，由 A 点经定线概量得 B' 点后，往返丈量得平均值 52.012 0 m，当 A、B' 两点间高差为 0.650 m 时，B' 点应如何修正才能得到终点 B？

第四章 建筑物的变形观测与竣工测量

一、填空题

1. 对大型工业与民用建筑物、构筑物、建筑场地、地基基础等需要进行变形观测。变形观测的主要工作有______________、____________和裂缝观测。

2. 建筑物沉降观测是用____________的方法，周期性地观测建筑物上的沉降观测点和水准基点之间的高程变化值。

3. 在一般高层建筑物周围要布置间距不大于 100 m 的水准点，埋设不应少于________，各水准点构成闭合图形，以便闭合检核。

4. 圆形建（构）筑物的倾斜观测是在互相________的两个方向上，测定顶部中心相对于底部中心的偏移量。

5. 倾斜观测中一般采用经纬仪测定建筑主体的______________。

6. 裂缝观测的方法一般有两种，即__________________和白铁皮标志。

二、选择题

1. 建筑沉降是否进入稳定阶段，应根据沉降量与时间关系曲线判定。当最后 100 d 的沉降速率小于（　　）mm/d 时，可认为已进入稳定阶段。具体取值宜根据各地区地基土的压缩性能确定。

A．0.01 ~ 0.04　　B．0.01 ~ 0.02
C．0.02 ~ 0.06　　D．0.02 ~ 0.40

2. 竣工图的比例尺一般为（　　）。

A．1∶10 000　　B．1∶100　　C．1∶500　　D．1∶5 000

三、判断题

1. 对建筑物进行沉降观测时，观测周期是一定的。（　　）

2. 建筑物的变形观测中最为常见的是倾斜观测。（　　）

3. 当建筑物竣工后，应立即停止沉降观测。（　　）

4. 变形观测只有在建筑物施工期间才需要进行。（　　）

5. 一般沉降观测应使用精密水准仪（S1 级或 S05 级），水准尺也应使用受环境及温差影响小的高精度铟合金水准尺。（　　）

6. 在没有特别要求的情况下，一般性的高层建（构）筑物施工过程中采用二等水准测量的观测方法就能满足沉降观测的要求。（　　）

四、名词解释

1．沉降观测

2．倾斜观测

五、简答题

1．建筑物为何要进行竣工测量？

2．建筑物为何要进行变形观测？

第五章 现代测量仪器的使用

一、填空题

1. 激光技术是从 20 世纪 60 年代初期迅速发展起来且广泛应用的新兴科学技术。激光是一种新光源，具有________、亮度高、单色性好等特点。

2. 激光经纬仪是在光学经纬仪的望远镜上加装一只 He-Ne 气体激光器，采用激光束作为可见参考线，其光轴与____________重合，因而这一条激光束所指的水平方向及垂直角可通过经纬仪的水平度盘和竖直度盘读出，特别适合用于______、垂直投测工作。

3. 望远镜视准轴精确调成水平后，该仪器可代替__________使用。

4. 使用激光水准仪时，首先按__________的操作方法安置，整平仪器，并瞄准目标。

5. 电子水准仪又称__________，是在仪器的望远镜光路中增加了________和光电探测器等部件。

6. 电子水准仪采用条码水准尺和__________电子系统，构成______、电、机及信息储存为一体的水准测量系统。

7. 全站仪是由__________、__________、微处理器及其软件组合而成的智能型光电测量仪器。

8. 全站仪借助机内固化的软件，可以组成多种测量功能，如可以计算并显示平距、高差及镜站点的三维坐标，进行__________、________、对边测量、面积计算等。

9. 全站仪有角度测量、__________、坐标测量、星键和菜单共五种模式，各种模式下的功能选择都是通过按__________四个软键来实现的。软键在某个模式下各菜单中的功能在屏幕底部的对应位置以中文字符显示。

10. 全站仪角度测量模式下 P1 页菜单有“置零”“______”和“______”三个选项。

11. 全站仪的距离测量有“______”和“______”两种模式。

12. 全站仪的偏心测量是测量不便于安置棱镜的碎部点的三维坐标，它需要先输入仪器高、棱镜高、________________及____________才能进行。

二、选择题

1. 全站仪出厂设置是仪器开机即自动进入（　　）模式。

A. 距离测量　　B. 坐标测量　　C. 角度测量　　D. 高程测量

2. 全站仪角度测量模式中的“置零”选项是（　　）。

A．将当前视线方向的水平度盘读数设置为 0

B．将当前视线方向的竖直度盘读数设置为 0

C．将当前视线方向的水平度盘读数设置为 180°

D．将当前视线方向的竖直度盘读数设置为 180°

3．南方测绘仪器公司的全站仪棱镜常数出厂设置为（　　）mm。

A．−30　　　　B．30　　　　C．60　　　　D．−60

4．当全站仪仪器照准棱镜时，按（　　）键进入坐标测量模式同时自动开始坐标测量。

A．　　　　B．　　　　C．ANG　　　　D．F1

5．全站仪在电源打开期间将电池取出，关于这种做法描述正确的是（　　）。

A．错误　　　　B．正确　　　　C．无所谓　　　　D．不确定

6．全站仪充满电的电池放电时间约需（　　）h。

A．3　　　　B．5　　　　C．8　　　　D．1

三、判断题

1．激光水准仪还可以扫出一个水平面，可方便地进行抄平工作。（　　）

2．全站仪的基本功能是测量水平角、竖直角和斜距。（　　）

3．全站仪能自动测量角度和距离，并能按一定程序和格式将测量数据传送给相应的数据采集器。（　　）

4．全站仪角度测量模式下共有 P1、P2、P3 和 P4 四页菜单。（　　）

5．全站仪的“精测”模式测量，距离显示到厘米位；“跟踪”模式连续测量，距离显示到毫米位。（　　）

6．全站仪距离测量中的“放样”选项就是显示实测距离与输入放样距离之差。（　　）

7．全站仪角度测量模式中，当精度要求高时，可用测回法进行角度测量。（　　）

8．当测站之间距离较远，搬运全站仪时应将仪器卸下，装箱后背着走。（　　）

9．当冬天室内、室外温差较大时，全站仪搬出室外或搬入室内可以立即开箱。（　　）

四、简答题

1．激光经纬仪的操作与光学经纬仪基本相同，只是激光经纬仪在激光器上有一些特殊的操作环节，请问有哪些特殊的操作环节？

2．激光经纬仪有哪些特点？

3．电子水准仪与光学水准仪相比有什么区别？

4．全站仪具有哪些特点？

5．全站仪有哪些功能？

6．简述全站仪的操作方法。

7．简述利用全站仪进行坐标测量的原理。

8．简述坐标放样的原理。

9．全站仪保管时应注意哪些事项？

10．目前已建和在建的全球导航卫星系统有哪几种？

11．卫星定位系统是由哪几部分构成的？

12．GPS 有哪些作用？

地形图的基本知识及应用（选学）

一、填空题

1．地形图比例尺的形式有________和图示比例尺。

2．地形图上地物采用的符号有________、__________、半比例符号和注记。

3．对于地面上本身较小又有特定意义与价值的地物，如测量控制点，在地形图上可以用__________符号表示出来。

4．在地形图上表示地貌起伏变化多采用__________方法。

5．在一幅地形图上，等高线平距的大小反映了____________。等高线平距越大，则坡度越______，故等高线平距大小与坡度成反比。

6．比例尺精度是指__________所代表的实地水平长度，比例尺越______，精度越高。

7．使用图示比例尺不但用图方便，而且可以减少由于图纸________而引起的变形误差。

8．地形图的应用就是以图上取得某点的坐标、某两点间的水平距离、_______、________、某直线的坡度等来解决一些实际问题。

9．要使实地上 0.5 m 的水平距离能在地形图上表示出来，则选用的比例尺应为______。

10．在施工中，利用地形图可以获取施工所需的坐标、______、______等数据和进行工程量的估算等工作。

11．求出图上 A、B 两点坐标（x_A，y_A）和（x_B，y_B），计算 AB 的水平距离的公式为________________________。

12．点位在某等高线上，因为等高线上所有点有相同的______，所以直接查读该等高线的高程，即为该点的______。

13．草图法内业工作又可分为__________、________和编码引导三种方法。

二、选择题

1．在一幅地形图上，（　　）是一个定值。

A．等高线　　　　B．等高距

C．等高线平距　　D．等倾斜地面

2．在地物符号中，最能准确反映地面物体大小、形状和位置的是（　　）。

A．比例符号　　B．非比例符号　　C．线型符号　　D．注记符号

3．在下列比例的图纸上同时量取一建筑物，精度最高的是（　　）。

A．1∶500　　B．1∶1 000　　C．1∶2 000　　D．1∶5 000

4．某地形图的比例尺为1∶1 000，则该比例尺精度为（　　）m。

A．0.1　　B．0.01　　C．1　　D．10

5．等高线的等高距是指（　　）。

A．两等高线间的水平距离　　B．相邻两等高线间的高差

C．两等高线间的垂直距离　　D．地面上等高线间的倾斜距离

6．工程建设类专业通常使用（　　）地形图。

A．大比例尺　　B．中比例尺　　C．小比例尺　　D．不确定

三、判断题

1．比例尺是指实地距离与图上相应长度的比值。（　　）

2．地形图的比例尺越大，量取同一物体时所反映的精度越高。（　　）

3．等高线是指地面上高程相等的点连成的闭合曲线。（　　）

4．1∶2.5万的比例尺属于中比例尺类型。（　　）

5．等高线的高程往往注记在基本等高线上。（　　）

6．所有大的地物都能用比例符号表示出来。（　　）

7．在一幅地形图上，基本等高距是一个定值。（　　）

8．等高线平距越大，则地面坡度越大，故等高线平距与坡度成正比。（　　）

9．地面高程相同的点都在同一条等高线上。（　　）

10．地面直线的坡度是由直线两端点的高差与水平距离决定的。（　　）

11．比例符号、非比例符号和线性符号在使用时不是固定不变的。（　　）

12．等高线可分为首曲线、计曲线和间曲线三种类型。（　　）

13．在一幅地形图上，若等高线平距相等，则说明坡度相同。（　　）

四、名词解释

1．地形图的比例尺

2．比例尺精度

3．地物符号

4．等高线

5．等高距

6．等高线平距

7．注记

五、简答题

1．简述等高线的特征。

2．等高距与等高线平距的区别有哪些？

3. 等高线可分为哪几种类型?

六、计算题

1. 已知在地面上 A、B 两点坐标分别为（664.80 m，624.60 m）和（841.20 m，866.70 m），求 D_{BA} 和 α_{BA}（即直线 BA 的水平距离和坐标方位角）。

2. 在 1∶2 000 的地形图上量得 PQ 两点的水平长度为 1.65 cm，已知 P、Q 两点的高程分别为 106.61 m 和 102.00 m，则直线 PQ 的坡度是多少?